# SUR LA RÉPARTITION DE LA POTASSE ET DE LA SOUDE DANS LES VÉGÉTAUX;



PAR M. EUG. PELIGOT.

Troisième et quatrième Mémoires lus à l'Académie des Sciences le 20 décembre 1869 et le 6 novembre 1871.

Les plantes ont-elles la faculté d'emprunter au sol les substances alcalines qu'il renferme, ou bien choisissent-elles d'une manière exclusive les sels de potasse en y laissant les sels de soude? Cette question, sur laquelle j'ai appelé déjà l'attention de l'Académie [1], est complexe; elle offre un grand intérêt agricole : elle a donné lieu à de nombreuses discussions et à quelques expériences qui semblent contredire les résultats que j'ai fait connaître. Comme elle est du petit nombre de celles qui peuvent être résolues par des travaux de laboratoire bien dirigés, je demande la permission d'y revenir avec des faits nouveaux dont l'étude a, depuis plus d'un an, absorbé tout le temps dont je puis disposer.

Il importe de préciser d'abord les conditions du problème dont je poursuis la solution. Avant la publication de mes travaux, des analyses très-nombreuses sur les produits laissés par l'incinération des végétaux avaient conduit à admettre que la potasse et la soude se rencontrent simultanément dans les plantes, bien que cette dernière base y soit beaucoup moins abondante que l'*alcali végétal*, la potasse. Personne ne mettait en doute le rôle des sels de soude dans la nutrition des plantes; la plupart des agriculteurs admettaient que ces sels doivent entrer utilement dans la confection des engrais. C'est cette opinion qui se trouve résumée

[1] *Voir* ce Recueil, 4e série, t. XII et t. XVIII.

dans ce passage du *Cours d'Agriculture* de M. de Gasparin : « Les alcalis minéraux, la soude et la potasse, entrent toujours dans la composition des végétaux, et la petite quantité de ces substances que renferment beaucoup de terres, la difficulté que l'on entrevoit à ce qu'elles se renouvellent dans le sol, font aisément comprendre qu'elles sont au nombre des suppléments les plus utiles que l'on puisse fournir au sol [1]. »

Dans son *Économie rurale*, M. Boussingault dit : « Par ce qui précède, on ne saurait douter de l'efficacité de la potasse et de la soude sur la végétation. On retrouve d'ailleurs constamment ces bases dans les plantes [2]. »

J'ai cherché à établir, par des expériences nombreuses, que, dans un grand nombre de plantes cultivées, la soude ne fait pas partie des éléments constituants des cendres, bien qu'on la rencontre dans d'autres plantes venues à côté, dans le même terrain. J'ai montré que, dans la plupart des analyses, la soude a été dosée par différence, en employant une méthode défectueuse, *sans qu'on ait cherché le plus souvent à constater préalablement dans les cendres la présence de cet alcali.* J'ai indiqué le procédé que j'ai suivi pour reconnaître sûrement ce corps, au moyen de l'efflorescence du sulfate de soude.

On comprend facilement, d'ailleurs, qu'en l'absence de toute espèce de doute sur l'existence de la soude, ce mode de dosage ait été suivi par la plupart des chimistes qui se sont occupés de l'analyse des cendres des végétaux : on sait qu'il consiste à déduire, au moyen d'une formule bien connue, la proportion des deux alcalis du poids des sulfates neutres qu'ils fournissent et de celui de l'acide sulfurique déterminé sous forme de sulfate de baryte.

Comme il importe d'établir nettement le degré de con-

---

(1) *Cours d'Agriculture*, t. I, p. 646.
(2) *Économie rurale*, t. II, p. 73.

fiance qu'il convient d'accorder à ce procédé d'analyse, je demande la permission de citer textuellement l'opinion de M. Rivot sur ce sujet. Tous ceux qui ont étudié *la Docimasie* du savant ingénieur dont nous déplorons la perte récente rendent hommage à la sûreté d'appréciation qui distingue son important ouvrage.

Après avoir décrit ce procédé, M. Rivot ajoute :

« *Observation.* — La détermination des alcalis par le calcul laisse beaucoup à désirer sous le rapport de la certitude des résultats, et l'on ne doit y recourir que dans des cas exceptionnels; il est, du reste, facile de se convaincre en étudiant les deux formules précédentes, qu'on ne peut espérer une approximation que lorsque la potasse et la soude se trouvent toutes deux dans une proportion assez forte..... En opérant avec le plus grand soin, on ne peut pas, en général, répondre de la neutralité des sulfates et de l'exactitude de leur pesée à 2 ou 3 centigrammes près; les erreurs commises dans les déterminations des alcalis par le calcul peuvent donc s'élever très-aisément à 5 et même à 7 centigrammes en plus ou en moins sur l'une ou l'autre base, suivant le signe de l'erreur faite dans la pesée des sulfates, et généralement en plus pour la soude et en moins pour la potasse [1]. »

Ainsi, en ce qui concerne les végétaux, l'influence de cette méthode sur l'inexactitude des résultats que fournit l'analyse de leurs cendres est d'autant plus grande que celles-ci contiennent toujours beaucoup plus de potasse que de soude.

Quoi qu'il en soit, d'ailleurs, à cet égard, d'autres causes, notamment la nécessité d'abandonner des opinions qui, depuis longtemps, ont cours tant dans la pratique agricole que dans les discussions auxquelles donne lieu l'impôt sur le sel, m'ont créé de nombreux contradicteurs. Dans un précédent travail, j'ai discuté les expériences instituées à

---

[1] DOCIMASIE, *Traité d'analyse des substances minérales*, t. II, p. 79.

Grignon, dans le but de démontrer l'efficacité du sel marin en raison de sa prétendue transformation en azotate de soude.

M. Cloez ne met pas en doute la présence simultanée des deux alcalis dans les plantes et dans le suint de mouton, en s'appuyant, d'ailleurs, sur des analyses faites par une méthode différente et plus précise.

M. Payen, auquel on doit des analyses de fourrages provenant des prés salés du département des Bouches-du-Rhône, fourrages dont les cendres renfermaient des sels de soude, a fait récemment à l'Académie deux Communications ayant pour objet de contester les résultats que j'ai obtenus, et les conséquences que j'en ai déduites.

J'espère établir dans ce travail que ces dissidences sont plus apparentes que réelles. Je ne conteste nullement les faits observés, mais je diffère d'opinion sur l'interprétation qu'on leur donne.

Les végétaux que j'ai d'abord examinés provenaient tous de terrains situés loin de la mer; néanmoins ces terrains n'étaient pas exempts de sel marin venant de l'eau pluviale et des engrais, puisque l'analyse des cendres m'a conduit à admettre qu'à côté des plantes cultivées, très-nombreuses, qui ne renferment que des sels de potasse, il y en a d'autres dans lesquelles on rencontre une notable proportion de soude : la betterave, l'arroche, la tétragone, etc., appartiennent à cette dernière catégorie.

Je me proposais d'étudier cette année les végétaux cultivés près des bords de la mer, lorsque j'ai eu connaissance d'un travail de M. Paul de Gasparin sur la composition, au point de vue des éléments minéraux, d'un blé récolté à Saint-Gilles, dans les marais salants de la Camargue, dans le département du Gard. Ces terrains sont extrêmement chargés de sel; la potasse y est beaucoup moins abondante, puisque 100 parties de terre n'en renferment que $0^{gr},205$, tandis qu'elles contiennent $1^{gr},640$ de soude. Les deux alcalis, de même que la magnésie, y existent sous forme de chlorures.

Dans $1^{gr},525$ de cendres provenant de 100 grammes du blé (touselle blanche) récolté dans ces terrains, M. de Gasparin a trouvé $0^{gr},379$ de potasse et $0^{gr},071$ de soude.

« La préférence du blé pour la potasse et la magnésie, » dit l'auteur de ce travail, est donc confirmée; il n'est pas » surprenant que la soude semble manquer absolument » dans cette céréale, quand la proportion de sel marin exi- » stant dans le sol ou apportée par les engrais est relative- » ment minime, ce qui vient confirmer les analyses de » M. Peligot. »

Malgré cette appréciation et bien que les travaux de M. de Gasparin m'inspirent la plus grande confiance, je priai leur auteur de vouloir bien m'envoyer un échantillon de ce blé, que je me proposais de soumettre, de mon côté, à un examen attentif. Je reçus bientôt 500 grammes du blé récolté cette année sur le même terrain, celui qui avait servi à l'analyse publiée par M. de Gasparin n'ayant pas été conservé. Avant de l'incinérer, je le lavai à l'eau distillée froide, ainsi que j'ai l'habitude de le faire, dans le but d'enlever les poussières qui adhèrent souvent au grain. L'eau de lavage présentait une saveur salée, et donnait un abondant précipité par l'addition de l'azotate d'argent acide. C'est, selon moi, l'explication de la légère dissidence qui existe entre les résultats de M. de Gasparin et ceux que j'ai maintes fois constatés. En effet, j'ai séparé de cette façon $0^{gr},212$ de sel en lavant rapidement 300 grammes de ce blé; on a aussi dosé la quantité de chlorure d'argent fourni par le lavage de 100 grammes du même froment; le résultat a été le même, soit 4,3 et 4,6 pour 100 de chlorure de sodium dans le résidu qu'aurait fourni l'incinération de ce blé. M. de Gasparin en avait trouvé 8,7, mais cette différence est facile à expliquer; le blé n'était pas le même; en outre, il ne paraît pas qu'il soit possible d'enlever entièrement, par un simple lavage, une substance soluble qui se trouve à la surface d'une plante qui se gonfle, qui fait éponge en présence de l'eau. J'ajoute qu'en faisant germer le blé lavé dans l'eau distillée, celle-ci a fourni par l'évaporation un résidu qui représente environ 1 pour 100 du poids du blé, et qui contient 24,6 de chlorure de sodium pour 100 de cendres. J'ai fait la même observation sur diverses graines préalablement imprégnées de sel; il semble qu'au moment de la germination cette substance soit expulsée de préférence aux autres composés minéraux, ceux-ci étant plus utiles au développement ultérieur de la plante.

Ainsi le blé qui provient des terrains salés retient à sa surface une certaine quantité de chlorure de sodium que l'air de la mer y dépose mécaniquement, et dont l'ori gine ne doit pas être confondue avec celle des éléments minéraux qui sont empruntés au sol par les radicelles de la plante. Ce transport des particules salées sur tous les corps, en raison de leur surface et de leur état de division, est tellement évident qu'il ne me paraît pas utile d'y insister; toute personne qui séjourne pendant quelques heures au bord de la mer en constate sur elle-même la réalité. Dans certains cas, sous l'influence des vents de la mer, ces effets sont tels que les végétaux succombent sous l'enveloppe cristalline qui les entoure, et, d'après M. Moll, celle-ci est quelquefois tellement épaisse que les agents du fisc interviennent pour empêcher que ce sel, qui n'a pas payé les droits, soit prélevé pour la consommation des habitants du pays.

Aussi je ne comprends pas que cette origine ait échappé à M. Cloez, dans les études qu'il a faites sur les proportions relatives des alcalis contenus dans les salins de diverses plantes provenant, les unes, de terrains qui bordent la mer, dans le département de la Somme, les autres, du Muséum d'Hist ire naturelle, à Paris. Ces analyses, de même que celles qui sont relatives au suint de moutons élevés dans des conditions analogues, ont été présentées à l'Académie comme étant en contradiction avec les résultats auxquels je suis arrivé. En ce qui concerne les plantes analysées par M. Cloez, il en est quelques-unes, comme le chou marin, la moutarde noire et le pois maritime, qui, quelle que soit leur provenance, peuvent renfermer dans leurs tissus une certaine quantité de sel marin. N'ayant pas eu l'occasion d'examiner ces plantes, je ne les ai pas classées parmi celles, assez nombreuses, dans lesquelles j'ai signalé la présence de cette substance. A l'égard des moutons nourris dans les prés salés de la baie de la Somme, je suis étonné que l'auteur de ce travail n'ait pas rencontré dans leurs toisons une quantité de chlorure de sodium encore plus considérable; tout le monde sait qu'aucune substance ne semble plus propre à s'imprégner de sel dans ces conditions. M. Cloez attribue aux plantes qui servent à la nourriture de ces animaux les 10 ou 15 pour 100 de sels de soude qu'il a rencontrés dans le suint. Cette opinion ne me paraît nullement justifiée : l'addition du sel à la nourriture des moutons est journellement pratiquée dans bien des localités, et il ne paraît pas que la potasse qu'on retire de leur suint par les procédés de MM. Maumené et Rogelet, en contiennent des quantités bien notables; j'ajoute que si les sels de soude se rencontraient normalement parmi les substances qu'on peut extraire du suint, il n'est guère probable qu'ils auraient échappé aux longues et patientes investigations de M. Chevreul, qui a retiré du suint un si grand nombre de substances et qui ne fait pas mention des sels de soude.

Les mêmes observations s'appliquent aux fourrages provenant de terrains salés du Midi, qui ont été analysés par M. Payen. Sans prétendre que, parmi les plantes variées qui composent une prairie, il n'y en ait pas qui renferment des sels de soude dans leurs tissus, j'estime qu'il y a lieu de dégager, dans ces analyses, le sel déposé à la surface de ces végétaux d'avec celui qu'ils empruntent au sol. M. Payen pense qu'il ne serait pas sans intérêt de rechercher la soude dans les sécrétions des tissus périphériques des plantes. En présence des faits si simples que je viens d'indiquer, il ne me paraît pas que cette recherche doive être bien fructueuse. Je mets d'ailleurs, dans ce but, à la disposition de mon honorable confrère, des plantes nombreuses provenant des lais de mer de la Vendée.

C'est, en effet, de l'examen des plantes provenant de cette localité que j'ai maintenant à entretenir l'Académie. Il existe dans la baie de Bourgneuf, à une petite distance de l'île de Noirmoutiers, une large surface de terrains dont l'endiguement, commencé par M. Hervé Mangon, se continue, depuis l'année 1855, sous la direction d'un habile ingénieur, M. Le Cler; 700 hectares de ces polders, protégés contre la mer par des digues de 5 mètres de hauteur moyenne et d'un développement de 18 kilomètres, sont aujourd'hui en pleine culture et ont donné, cette année, d'abondantes récoltes.

Avec un soin et un empressement dont je ne saurais trop le remercier, M. Le Cler m'a envoyé des échantillons de ses différentes récoltes et avec eux des échantillons de la terre des polders et de leurs divisions : ceux-ci, au nombre de onze, ont été prélevés le 14 mai; les plantes récoltées sont : le froment, l'orge, les fèves, le colza, la luzerne, le lin, le seigle, les pommes de terre et les haricots.

Ces plantes, soumises à l'incinération, contiennent toutes du sel en assez grande quantité. Ce sel paraît se trouver à la surface de la plante; le lavage de celle-ci avec l'eau froide suffit, en effet, pour en séparer la plus grande partie; mais il ne paraît pas possible, en raison de la perméabilité des tissus dans les plantes coupées, de l'enlever en totalité. Ce sont les enveloppes des graines qui en contiennent le plus : telles sont les cosses des fèves par rapport aux graines qu'elles renferment. En évaporant ces eaux de lavage, on obtient un résidu salin, qui, selon la nature plus ou moins perméable de la plante, contient le chlorure de sodium dans une proportion qui varie entre 50 et 85 du poids du résidu calciné; ainsi les fanes de pommes de terre, cédant à l'eau froide d'autres sels, donnent un résidu qui ne renferme que 55 pour 100 de sel; tandis qu'une botte de seigle du poids de 685 grammes, dont les tissus sont moins perméables à l'eau, a fourni $4^{gr},225$ de salin, renfermant lui-même 83,4 pour 100 de chlorure de sodium.

J'estime donc qu'il convient, dans les recherches de ce genre, de tenir grandement compte de la position géographique de terrains, aussi bien que de leur nature chimique. Je pense que c'est principalement à cette circonstance, entièrement négligée jusqu'à présent, qu'il faut attribuer le désaccord que présentent mes analyses avec celles de M. Isidore Pierre sur les blés du Calvados, de M. Eugène Marchand sur des plantes provenant des environs de Fécamp, de M. Robert Kane sur les lins d'Irlande, de M. Mulder sur les cendres du noyer de Hollande, etc. Le transport du sel à de grandes distances par les vents et par la pulvérisation de l'eau de mer au sommet des vagues, ne saurait être révoqué en doute. Tout récemment, M. Gillebert d'Hercourt a publié d'intéressantes observations sur la présence du sel dans l'atmosphère maritime [1]; M. Eug. Marchand, de Fécamp, a décrit les effets produits par un vent du nord-ouest qui charriait des particules d'eau de mer sur des feuilles qui, sous cette influence, ont été complétement détruites [2].

On peut même se demander si, dans des localités situées loin de la mer, l'eau pluviale, qui contient toujours une petite quantité de sel marin, venant à séjourner et à

(1) *Les Mondes*, t. XXI, p. 565.

(2) *Cosmos*, 18e année, t. V, p. 567.

s'évaporer à la surface des végétaux, n'est pas aussi l'origine de la petite quantité de chlorure de sodium qu'on trouve quelquefois dans leurs cendres. C'est une question à laquelle je ne suis pas en mesure de répondre, quant à présent.

Cette cause d'erreur étant écartée, je reste convaincu, sans pouvoir le démontrer pour la plupart des récoltes provenant des polders, que, de même que pour les végétaux de l'intérieur des terres, les radicelles de ces plantes délaissent le sel marin que le terrain renferme peut-être en quantité relativement considérable; cette opinion est d'ailleurs confirmée par le résultat d'une analyse sur laquelle je dois insister, en raison de l'importance que je lui attribue.

Je me suis proposé de rechercher si certaines plantes, qui, en dehors des causes *extérieures* que j'ai signalées, ne contiennent pas de soude quand elles sont cultivées loin de la mer, acquièrent la faculté d'en emprunter au sol des polders dans lequel elles ont végété.

Les tubercules de la pomme de terre se prêtent bien à cette recherche; étant à l'abri du contact de l'air salé, ils ne peuvent emprunter qu'au sol les éléments minéraux qu'ils contiennent.

On a soumis au traitement, par l'eau de baryte, la liqueur provenant des cendres fournies par 1 kilogramme de pommes de terre provenant des polders de Bourgneuf. Ces cendres renfermaient 92 pour 100 de sels solubles. J'ai décrit, dans un précédent travail, le procédé qu'il convient de suivre pour séparer, sous forme d'azotate cristallisé, la plus grande partie de la potasse. L'eau mère qui accompagne les cristaux de nitre, et dans laquelle doit se trouver toute la soude, a été traitée par l'acide sulfurique, et le résidu fortement calciné. C'était du sulfate de potasse *entièrement exempt de sulfate de soude.* Ce sel, dissous dans l'eau, n'a donné, par l'évaporation spontanée, que des prismes transparents, sans aucune trace d'efflorescence.

De plus, j'ai analysé ce sulfate avec le plus grand soin. Voici les résultats que j'ai obtenus :

$0^{gr},500$ de ce sel ont donné $0^{gr},667$ de sulfate de baryte.

Or on trouve, par le calcul, que $0^{gr},500$ de sulfate de potasse pur doivent fournir $0^{gr},668$ de sulfate de baryte.

Il me paraît donc démontré que ces pommes de terre sont parfaitement exemptes de soude, aussi bien que celles qui proviennent de terrains situés à une grande distance de la mer.

A l'appui de cette conclusion, je suis autorisé à mentionner une expérience que M. Dehérain a faite récemment à l'École d'Agriculture de Grignon : des pommes de terre cultivées en plein champ, ont été arrosées avec des dissolutions de sulfate, d'azotate, de phosphate de soude et de sel marin ; leurs cendres ne contenaient pas de soude.

Je regrette que ces résultats soient en contradiction avec l'opinion que M. Payen s'est faite sur l'existence de la soude dans ces tubercules : notre confrère a présenté à la Société d'agriculture une analyse de *pommes de terre mères* dans les cendres desquelles M. Champion a trouvé 8 pour 100 de soude ; outre que cette recherche me paraît avoir été faite sur une quantité de matière insuffisante, ainsi que M. Champion l'a lui-même reconnu, je dois faire observer que ce qu'on appelle *pommes de terre mères*, probablement par antithèse, est un résidu ne contenant plus de fécule qu'on trouve dans le sol après la mort du végétal : les pommes de terre que j'ai analysées n'étaient pas même malades.

J'ai fait une étude du même genre sur la graine de colza provenant des mêmes terrains ; mais je n'ai pas pu débarrasser celle-ci par le lavage du sel dont elle était imprégnée. Comme les agriculteurs s'accordent à considérer les terrains ou les engrais salés comme étant très-favorables à la culture de cette plante, j'ai cherché attentivement la soude dans de la graine de colza venant de la maison Vilmorin. En employant le même procédé, je suis arrivé au même résultat négatif que pour la pomme de terre. L'analyse du sulfate a donné, en effet, $0^{gr},334$ de sulfate de baryte pour $0^{gr},250$ de matière employée, c'est-à-dire de sulfate de potasse; le calcul donne exactement le même nombre. Je dois donc admettre que la graine de colza est parfaitement exempte de sel de soude.

En résumé, les faits que je viens d'exposer et ceux que j'ai publiés antérieurement ont pour objet d'établir que dans les végétaux la soude ou plutôt le sel marin peut se rencontrer sous plusieurs états distincts :

1° Quelques plantes l'empruntent au sol par leurs radicelles; le chlorure de sodium pénètre leurs tissus et fait partie des matières minérales que fournit leur incinération. *Beaucoup d'autres n'en renferment pas.*

2° Dans un certain nombre de végétaux marins, la soude existe, sous forme d'eau salée, dans les sucs séveux qui remplissent les tissus, ordinairement très-volumineux, de ces plantes.

3° Enfin, pour toutes les plantes qui végètent dans une atmosphère salée, le chlorure de sodium se rencontre et se concentre à la surface de ces plantes; sa présence dans leurs cendres n'implique, en aucune façon, qu'il ait été emprunté au sol par leurs radicelles et qu'il ait été utile au développement de ces végétaux.

---

## SUR LA NATURE DU SOL DES POLDERS DE LA VENDÉE (4e Mémoire).

En poursuivant les recherches que j'ai entreprises depuis plusieurs années sur la répartition des alcalis dans les végétaux, j'ai été conduit à examiner les terrains situés sur les bords de la mer, dans le département de la Vendée, qui m'ont fourni les plantes ayant servi aux études dont j'ai entretenu l'Académie dans sa séance du 20 décembre 1869.

Ce dernier travail avait pour objet principal la recherche des sels de soude ou plutôt du sel marin dans les produits de l'incinération de ces plantes; j'ai montré qu'en effet ces produits renferment une assez grande quantité de chlorure de sodium, que les vents et la poussière des vagues déposent à la surface des végétaux soumis à leur influence; mais la présence du sel dans ces cendres n'implique en aucune façon que celui-ci ait été emprunté au sol par les radicelles de ces mêmes plantes : j'ai établi, par des analyses faites avec les plus grands soins, que les tubercules de pommes de terre venues dans ces terrains sont absolument exempts de produits sodiques, par cela même que leur mode de végétation les abrite du contact de l'air salé.

Cette étude était le complément de recherches antérieures dans lesquelles j'ai montré que, contrairement aux idées reçues et à l'opinion des agronomes les plus autorisés, la plupart des végétaux cultivés délaissent les sels de soude, tandis qu'ils empruntent au sol l'*alcali végétal*, la potasse, qu'ils y rencontrent sous diverses formes. Dans mon opinion, le remplacement de la potasse par la soude et la présence simultanée des deux alcalis qu'on supposait, d'après des analyses nombreuses, exister dans les végétaux sont, le plus souvent, la conséquence d'un mode de dosage défectueux, qui a pour résultat d'attribuer aux produits analysés une quantité de soude d'autant plus considérable que l'analyse est elle-même plus mal exécutée. Souvent même cet alcali n'est dosé que par différence, de sorte que toutes les pertes dans la détermination des autres éléments comptent pour de la soude, alors même que la présence de cette substance n'a pas été établie par des essais préalables ([1]).

---

([1]) D'après des observations qui m'ont été adressées par M. le docteur

Aucune expérience n'étant venue contredire ces résultats qui ont déjà quatre années de date, j'ai peut-être le droit de les considérer comme acquis à la science [1]. Cependant je demande à l'Académie la permission de lui soumettre une dernière expérience ayant pour objet de constater une fois de plus que, dans une terre contenant, comme toutes les terres cultivées, du sel marin, celui-ci est délaissé par certaines plantes, tandis qu'il est absorbé par d'autres : une betterave venue dans un carré de panais a été soumise à l'incinération, ainsi que les panais qui se trouvaient les plus proches d'elle, à une distance de quelques centimètres seulement. En suivant la marche que j'ai

---

Sacc, de Neuchâtel (Suisse), il y aurait lieu de faire des réserves pour les plantes venues dans le terrain néocomien, lequel, d'après M. Sacc, est riche en carbonate de soude et très-pauvre en sels de potasse.

[1] Je ne dois pas néanmoins passer sous silence les critiques qui m'ont été adressées, à plusieurs reprises, par M. Payen. L'argumentation de notre très-regretté confrère avait pour objet d'établir que diverses analyses de plantes faisaient mention de la soude contenue dans les produits de leur incinération. Ce point ne saurait être contesté, puisque le but de mon travail a été d'établir : 1° que plusieurs de ces analyses ne sont pas exactes; 2° qu'on a quelquefois confondu le sel déposé mécaniquement à la surface des plantes avec celui qu'elles peuvent emprunter au terrain par leurs radicelles. J'ajoute que parmi les plantes mentionnées par M. Payen, il s'en trouve qui, d'après mes propres expériences, contiennent réellement du sel, comme la betterave et divers végétaux appartenant à la famille des Atriplicées.

Néanmoins je reconnais qu'une des objections de M. Payen est fondée; dans un Mémoire publié antérieurement, je disais : « La plupart des plantes cultivées fournissent des cendres exemptes de sels de soude, attendu que les terrains dans lesquels elles se sont développées en sont eux-mêmes exempts. » C'est « à peu près exempts » qu'il eût fallu dire, ainsi que cela ressort clairement, d'ailleurs, de la discussion à laquelle je me suis livré sur la présence nécessaire du sel marin dans tous les terrains, ce sel ayant pour origine l'eau pluviale, les engrais et les roches à base de soude décomposées par les agents atmosphériques.

N'étant pas parvenu à établir la présence de la soude dans les plantes qui, d'après mes expériences, n'en contiennent pas, M. Payen a eu recours à l'analyse spectrale : à mon sens, celle-ci, en raison même de son extrême sensibilité, n'a rien à faire, quant à présent du moins, dans les questions de chimie agricole.

indiquée (1), il m'a été facile de constater la présence des sels de soude dans la betterave, qui est, comme on sait, une plante salifère, tandis que les panais, feuilles et racines, n'en contenaient pas.

Je reprends maintenant la suite de mon dernier travail, dans lequel j'ai cherché à établir que les sels de soude qu'on rencontre dans les plantes cultivées sur les bords de la mer ont pour origine le sel qui se dépose à la surface de ces végétaux; j'avais entrepris, dès cette époque, l'analyse des terrains qui m'avaient fourni ces plantes; les événements que nous venons de traverser ont interrompu cette étude, que j'ai complétée et que je viens soumettre aujourd'hui à l'Académie.

J'ai dit que ces plantes venaient des polders ou lais de mer situés dans la baie de Bourgneuf (Vendée), près de l'île de Noirmoutiers, et non loin de l'embouchure de la Loire. La mise en culture de ces terres conquises sur l'océan a donné lieu à une importante exploitation agricole, commencée il y a vingt ans environ par M. Hervé Mangon, et très-habilement dirigée depuis 1855 par M. Le Cler, ingénieur civil. Depuis cette époque, cinq polders, représentant une surface de 700 hectares environ et un développement de digues de plus de 18 kilomètres, ont été créés et mis en culture.

M. Le Cler avait bien voulu m'envoyer un échantillon du sol provenant de chacune des pièces de terre qui avaient fourni les plantes que j'ai étudiées. Ces terres ne reçoivent généralement pas d'engrais : celles qui sont désignées sous les noms de polders des Champs, du Dain et de la Coupelasse n'en ont pas reçu depuis leur enclôture, déjà ancienne, et dont la date est inscrite sur le tableau ci-après ; formées des dépôts qui s'accumulent dans la baie de Bourgneuf, ces alluvions sont d'une grande fertilité et peuvent

(1) *Annales de Chimie et de Physique*, 4e série, t. XII, p. 735.

être cultivés sans engrais pendant de longues années : le curage des fossés procure seulement un léger amendement. Le polder dit *de Barbâtre*, situé dans l'île de Noirmoutiers, dont le sol est trop sablonneux, est le seul qui reçoive annuellement, par hectare, environ 20000 kilogrammes de goëmons, recueillis sur la côte.

Les polders ne sont séparés de la mer que par des digues de 4 à 5 mètres de hauteur. Avant leur endiguement, ils étaient couverts d'eau à chaque marée haute ; une fois endigués, ils sont desséchés et dessalés par un système de drainage à ciel ouvert, qui consiste en un réseau de fossés avec pentes convenables pour l'écoulement des eaux pluviales. On verra, par l'examen du tableau ci-après, combien ces moyens de drainage sont efficaces.

En dehors des terrains cultivés, le pays renferme de nombreux marais salants.

Pendant les premières années de mise en culture, les récoltes sont misérables ; elles vont en s'améliorant au fur et à mesure du dessalage des terres.

Sauf pour le sel marin, dont la détermination a été exécutée avec précision, l'examen de ces terres a été fait par un procédé d'analyse sommaire que je décrirai brièvement.

Chaque échantillon de terre, réduit en poudre et tamisé, est desséché à 110 degrés, pour la détermination de l'eau qu'il contient. Le résidu sec est calciné au rouge naissant, mouillé ensuite avec du carbonate d'ammoniaque (afin de rétablir à l'état de carbonate la chaux et la magnésie qui peuvent s'y trouver à l'état caustique), puis chauffé de nouveau à la température de 300 degrés ; la balance donne, par la perte de poids, la proportion des matières organiques que ces terres renferment.

Les carbonates terreux sont dosés sur un autre échantillon qui donne, par différence, le poids de l'acide carbonique qu'ils contiennent, au moyen de l'un des petits appareils qui sont en usage pour cette opération.

Les produits solubles sont déterminés en soumettant au lavage à l'eau chaude 100 grammes de terre. La liqueur fournie par ce lavage est évaporée à feu nu, puis au bain-marie; elle laisse un résidu brun qu'on dessèche à 110 degrés et qu'on pèse dans la capsule de porcelaine ayant servi à cette évaporation.

Les matières minérales et les matières organiques solubles dans l'eau, ainsi dosées, sont soumises à une légère incinération qui détruit ces dernières; une nouvelle pesée en donne le poids par différence et directement celui des matières minérales.

Enfin le résidu calciné est repris par l'eau faiblement acidulée par l'acide azotique; la nouvelle dissolution qui renferme le sel marin, les autres chlorures, des sels de chaux et de magnésie, etc., est soigneusement analysée, au point de vue de la détermination du chlore, au moyen d'une dissolution titrée renfermant $0^{gr},005$ d'argent par centimètre cube; en prenant la précaution de dépasser légèrement la quantité d'azotate d'argent qui amène la précipitation complète des chlorures, et en terminant le dosage avec la dissolution décime de sel marin dont chaque centimètre cube précipite $0^{gr},001$ d'argent, on arrive à déterminer avec sûreté le chlore contenu, sous forme de chlorure, dans une liqueur très-diluée.

Ces divers éléments étant connus, on a, par différence, la proportion de sable, d'argile, d'oxyde de fer, etc., qui constituent la masse principale de ces terres.

Le tableau qui suit représente la composition des onze échantillons que j'ai examinés, avec leur désignation, le numéro de la pièce de terre et la date de leur mise en culture.

| | POLDERS | | | | | | | | | | |
|---|---|---|---|---|---|---|---|---|---|---|---|
| | DU DAIN | | | DES CHAMPS | | | DE BARBATRE | | | DE LA COUPE-LASSE | |
| | n° 2. — 1864 | n° 8. — 1863 | n° 10. — 1863 | n° 1. — 1860 | n° 7. — 1860 | n° 11. — 1860 | n° 4. — 1855 | n° 6. — 1855 | n° 9. — 1855 | n° 3. — 1867 | n° 5. — 1867 |
| Eau | 5,55 | 2,06 | 5,80 | 6,40 | 5,60 | 6,75 | 2,25 | 1,70 | 1,60 | 5,95 | 5,10 |
| Argile, sable, oxyde de fer, débris de roches, etc | 77,76 | 77,20 | 79,99 | 80,58 | 79,18 | 72,35 | 84,52 | 81,87 | 84,53 | 79,55 | 79,45 |
| Carbonates de chaux et magnésie | 8,31 | 11,36 | 6,63 | 4,68 | 7,90 | 18,63 | 9,32 | 12,09 | 11,13 | 5,59 | 8,59 |
| Matières organiques insolubles | 8,25 | 9,23 | 7,45 | 8,07 | 7,14 | 2,14 | 3,71 | 4,14 | 2,54 | 8,75 | 6,68 |
| Matières organiques solubles et sels minéraux solubles | 0,13 | 0,15 | 0,13 | 0,27 | 0,18 | 0,13 | 0,20 | 0,20 | 0,20 | 0,16 | 0,18 |
| | 100,00 | 100,00 | 100,00 | 100,00 | 100,00 | 100,00 | 100,00 | 100,00 | 100,00 | 100,00 | 100,00 |
| Sel marin (qui se trouve dans les sels minéraux solubles fournis par 100 grammes de terre) | gr 0,016 | gr 0,008 | gr 0,008 | gr 0,014 | gr 0,006 | gr 0,006 | gr 0,051 | gr 0,067 | gr 0,056 | gr 0,056 | gr 0,018 |

En jetant les yeux sur ce tableau, on voit avec surprise combien est petite la quantité de chlorure de sodium que ces terres renferment : elle varie en effet, entre 60 et 600 milligrammes par kilogramme de terre, soit 6 à 60 cent millièmes. En réalité, elle est encore plus petite; car, d'une part, on a admis que tout le chlore appartient au sel marin, tandis que celui-ci peut être mélangé avec d'autres chlorures; d'autre part, on n'a pas tenu compte des graviers et des racines séparés par le tamisage de la terre.

En comparant ces analyses à celles qui ont été exécutées sur ces mêmes terres, en 1863 par M. Hervé Mangon, à l'École des Ponts et Chaussées, on constate que le dessalage des polders s'est fait avec une assez grande rapidité; ainsi le polder du Dain, endigué en 1862, contenait, il y a huit ans, 1,76 de sel marin pour 100 de terre; celui de la Coupelasse, 6,5; d'autres, plus anciens, ne renfermaient déjà que de faibles quantités de sel qui n'ont pas été dosées.

On sait depuis longtemps que les lais de mer de l'ouest et du nord de la France ne sont cultivés avec profit qu'autant qu'ils sont dépouillés de la plus grande partie du sel qu'ils renfermaient à l'origine; mais il était permis de douter que ce lavage dût être aussi complet; ces terrains, en effet, une fois mis en culture, ne renferment pas plus de sel que ceux qui sont situés à de grandes distances de la mer.

Comme terme de comparaison, j'ai soumis à l'analyse, en suivant les mêmes procédés, un échantillon de terre des environs de Paris, d'une fertilité ordinaire qu'on entretient avec du fumier d'étable.

Voici sa composition :

| | |
|---|---|
| Eau | 12,3 |
| Argile, sable, oxyde de fer, etc. | 63,1 |
| Carbonates terreux | 21,1 |
| Matières organiques insolubles | 3,3 |
| » et sels minéraux solubles | 0,2 |
| | 100,0 |

Chlorure de sodium...... 0gr,024

Soit 240 milligrammes par kilogramme de terre, c'est-à-dire une quantité plus considérable que dans plusieurs des échantillons des polders de la Vendée.

Il est d'ailleurs inutile de faire observer que cette proportion de sel, en ce qui concerne les lais de mer, doit nécessairement présenter de grandes variations pour le même terrain; les échantillons des terres dont j'ai donné l'analyse avaient été prélevés au mois de mai, après les pluies abondantes de l'hiver et du printemps; les plantes qui en provenaient, dont la surface était incrustée de quantités de sel relativement beaucoup plus considérables, avaient été récoltées à la fin du mois de juillet.

Il m'a paru intéressant de rechercher quelle est la quantité de potasse que renferment ces polders, tant sous forme de sels solubles, à l'état libre et dans les détritus d'origine organique, qu'à l'état de roches sableuses à base de potasse. A cet effet, on a opéré, pour le dosage des composés solubles, sur les liqueurs réunies provenant du lavage de 50 grammes de chacun des onze échantillons de terre; ce résidu pesait $0^{gr},460$; il renfermait 0,027 de chlorure de potassium, soit 0,049 par kilogramme de terre. Les mêmes terres préalablement calcinées, en contenaient beaucoup plus; soit par kilogramme $0^{gr},311$.

Enfin, pour doser la potasse engagée sous forme de composés insolubles dans les débris de roches qui forment ces alluvions, on a attaqué par le carbonate de baryte ou par le carbonate de soude la terre préalablement calcinée, en suivant les procédés en usage pour l'analyse des produits vitreux. La quantité de potasse trouvée est considérable; elle varie entre 1,8 et 3 pour 100 de terre : elle explique la fertilité de cette terre, pour le présent comme pour un avenir plus ou moins éloigné; elle rend compte, en même temps, de son origine géologique.

Les faits que j'ai observés relativement à l'existence d'une très-petite quantité de sel marin dans les terrains des polders de la Vendée s'accordent, d'ailleurs, parfaitement avec ceux qui sont consignés par M. Barral, dans l'importante étude qu'il a faite des moëres du Nord, aux environs de Dunkerque et sur les confins de la Belgique. Après le dessèchement de ces vastes terrains conquis sur la mer, les récoltes n'ont pas cessé d'être mauvaises pendant une quinzaine d'années; elles ne sont devenues bonnes qu'après que l'eau salée a été complétement enlevée par les moulins. Chaque fois que les moëres ont été inondées par des eaux salées, ainsi que cela est arrivé quatre fois en deux siècles par des faits de guerre ou de mauvaise gestion, la mise en culture ne s'est rétablie qu'après un long intervalle, tandis que la végétation reprend immédiatement après les inondations par les eaux douces. Il y a là, par conséquent, une expérience séculaire faite sur une très-grande échelle, puisque les moëres françaises et belges ont une superficie de 2278 hectares.

Cependant, comme pour la plupart des faits agricoles, il ne faut pas trop se hâter de généraliser ces indications : elles concernent les terrains dits *salés* de l'ouest et du nord de la France; mais il en est autrement de ceux du midi, dont la fertilité se maintient en présence d'une quantité de sel marin beaucoup plus considérable. Dans la Camargue, d'après M. Paul de Gasparin, les terres labourables sont extrêmement chargées de sel; elles blanchissent quand le temps est sec, par suite de la formation de cristaux de chlorure de sodium. La sortie du blé n'est assurée qu'en maintenant la terre dans un état constant de fraîcheur à la surface, au moyen d'une couverture de litières.

Il est possible que, sous l'influence d'une température plus élevée, et probablement aussi en raison de l'existence ou de l'addition de matières fertilisantes plus abondantes, les effets dus à la présence du chlorure de sodium soient neutralisés ou amoindris. Cette opinion se trouverait d'ailleurs en harmonie avec celle qui est énoncée par Thaër dans ses *Principes raisonnés d'Agriculuture* (traduction de Crud, 1812) :

« Lorsqu'on applique cette substance (le sel commun) au sol en trop grande quantité, la végétation en est complétement arrêtée; mais lorsque le sel a été lavé par les pluies et que peut-être il a été en partie décomposé par l'humus, il donne pendant les années suivantes beaucoup de force à la végétation. Lorsqu'on en épand une petite quantité sur un terrain riche, il produit un effet très-sensible, mais de courte durée; en revanche, cet effet est absolument nul, lorsque cette petite quantité a été étendue sur un terrain appauvri... Au reste, même sur le rivage de la mer, le sel est promptement entraîné hors du sol; en effet, lorsqu'on fait l'analyse des terrains de ce genre, on y trouve à peine quelques vestiges de cette substance. »

On peut faire à l'affirmation de Thaër concernant les bons effets du sel sur les terrains riches cette objection, qu'il est bien difficile de dégager la part qui appartient à cette substance d'avec celle qui revient tant aux influences atmosphériques qu'aux matières fertilisantes dont le terrain est déjà pourvu : toutes les expériences faites sur les effets du sel sur la végétation laissent ce côté de la question entièrement dans le vague.

Je n'ai pas besoin de faire remarquer que cette étude des terres des polders laisse bien peu de doute sur la faculté qu'auraient les plantes venues dans ces terrains d'y délaisser le sel marin, de même que les plantes qui végètent dans l'intérieur des terres. Je ne parle pas, bien entendu, des plantes marines, comme les salsolées, la betterave, etc. Il y a tout lieu d'admettre que, dans l'un comme dans l'autre cas, les mêmes plantes empruntent au sol les mêmes éléments. Je suis loin néanmoins de contester que, dans des cas fort limités, le sel puisse produire sur certaines récoltes un effet avantageux. Ces bons résultats trouveraient peut-être leur explication dans un fait qui, je crois, n'a pas encore été signalé, au moins en ce qui concerne son application à l'agriculture; c'est la propriété que possèdent les chlorures en général et notamment le chlorure de sodium, de dissoudre des quantités très-sensibles de phosphate de chaux. Je pense être agréable aux partisans, encore nombreux, de l'emploi du sel comme amendement, en appelant leur attention sur ce point, qui mérite également d'être pris en considération par les géologues, en raison de la présence constante du chlore dans l'apatite et dans les phosphorites des terrains stratifiés. C'est peut-être à cette action dissolvante qu'il faut rattacher l'influence heureuse qu'on attribue au sel sur les récoltes des terrains déjà pourvus de matières fertilisantes; cette propriété expliquerait l'habitude qu'ont les fermiers anglais d'ajouter une certaine dose de sel au guano qu'ils consomment en si grande quantité : s'il est vrai, comme on l'assure, que le sel favorise le développement des plantes oléagineuses, notamment du colza, son intervention serait justifiée par le transport des phosphates terreux que ces graines contiennent en abondance, bien qu'elles ne renferment pas de sels de soude.

Néanmoins, tout en tenant compte de ces faits, j'estime qu'il convient de renoncer aux exagérations dans lesquelles on est tombé sur l'utilité du sel pour la culture de la terre. Ces exagérations sont d'origine moderne. Or, même en agriculture, il ne faut pas dédaigner l'opinion des anciens : tous s'accordent à signaler les mauvais effets de cette substance.

Sans remonter beaucoup au delà de l'ère chrétienne, Virgile, dans ses *Géorgiques* (liv. II, vers 228), dit « que » les moissons viennent mal dans les terres salées ; qu'on » ne peut même corriger leur mauvaise qualité par la » culture; la vigne et les arbres y dégénèrent également, etc. » Il donne même le moyen, un peu primitif, il est vrai, de faire l'essai des terres salées. Pline, tout en recommandant de donner du sel au bétail, n'en affirme pas moins qu'il rend la terre stérile. Au XVI$^{e}$ siècle, Olivier de Serres, dans son *Théâtre d'Agriculture*, ne parle aussi du sel que pour les *bestes de labour*.

Ce n'est qu'au commencement de ce siècle qu'on a préconisé pour la première fois les bons effets du sel comme amendement. Des causes multiples ont concouru à persuader aux agriculteurs que ce produit à bon marché contribuerait puissamment à l'amélioration de leurs terres : le souvenir de l'ancienne gabelle; les influences locales intéressées à la vente du sel à bas prix; la demande incessante, au nom des besoins et des progrès de l'agriculture, de la suppression de l'impôt du sel, demande qui est devenue un moyen d'opposition contre le Gouvernement, quel qu'il soit; des essais plus ou moins bien dirigés dans le but d'affirmer son efficacité comme amendement; l'existence prétendue de composés sodiques dans les plantes cultivées; enfin, les idées de substitution de substances équivalentes empruntées au sol par les végétaux : telles sont les causes principales qui ont donné au sel une importance agricole que les anciens lui déniaient absolument. Parmi ces causes, les unes ne sont pas étrangères à la politique, et leur discussion serait déplacée dans cette enceinte; je demande néanmoins la permission de faire remarquer que, si la culture des terres est désintéressée dans la question du sel, l'impôt sur cette substance, malgré son impopularité, est peut-être encore l'un des impôts les moins vexatoires et les moins lourds à supporter. Quant aux autres causes, elles sont du domaine de la science, et, sous ce rapport, j'ai lieu d'espérer que, si les expériences qui font l'objet de ces études ne sont pas infirmées, elles contribueront à réduire à sa juste valeur la part qu'on attribue au sel dans la production et dans l'amélioration des récoltes.

(Extrait des *Annales de Chimie et de Physique*, 4$^{e}$ série, t. XXIII; 1871.)

---

Paris — Imprimerie de Gauthier-Villars, quai des Augustins, 55.

www.ingramcontent.com/pod-product-compliance
Ingram Content Group UK Ltd.
Pitfield, Milton Keynes, MK11 3LW, UK
UKHW020549230726
13925UKWH00006B/2493

9 782016 140093